Bibliografische Information der Deutschen Nationalbibliothek:

Die Deutsche Bibliothek verzeichnet diese Publikation in der Deutschen Nationalbibliografie; detaillierte bibliografische Daten sind im Internet über http://dnb.d-nb.de/ abrufbar.

Impressum:

Druck und Bindung: Books on Demand GmbH, Norderstedt Germany
ISBN: 9783668717664

Dieses Buch bei GRIN:

https://www.grin.com/document/427333

Markus Gockel

Bau und Funktionsweise des Radios. Schwerpunkt Amplitudenmodulation

GRIN Verlag

Bau und Funktionsweise des Radios

Eine Facharbeit von: Markus Gockel, Q1

An der Schule: Antoniuskolleg

Neunkirchen, den 1. März 2018

Inhaltsverzeichnis

1. Einleitung ... 3
2. Elektromagnetische Wellen ... 4
3. Modulation ... 7
   3.1 Amplitudenmodulation ... 9
   3.2 Frequenzmodulation ... 19
4. Schwingkreise ... 20
5. Lautsprecher ... 26
6. Eigenbau ... 28
7. Schlusswort ... 30
8. Abbildungsverzeichnis ... 31
9. Literaturverzeichnis ... 34
10. Abkürzungen ... 37
11. Anhang ... 38

1. Einleitung

Schon 1886 wurde die elektromagnetische Welle von Heinrich Hertz entdeckt. 1901 nutzte Guglielmo Marconi sie schon um mit ihr über den Atlantik zu kommunizieren. Radios nutzen elektromagnetische Wellen um Signale zu empfangen und sie in Schallwellen umzuwandeln. Es dauerte aber bis das erste massentaugliche Radio auf den Markt kam. Es war der Volksempfänger. Er wurde über 20 Millionen Mal in den ersten beiden Jahren ab 1933 verkauft.

Damit haben sich damals erstmals politische Führungskräfte die Signalverbreitung zu Nutze gemacht. Das Radio war damit ein durch die neuartige Technologie sehr mächtiges Instrument. Auf Grundlage der elektromagnetischen Wellen konnten nun Informationen weite Strecken nahe der Lichtgeschwindigkeit zurück gelegt werden.

Heutzutage versuchen immer noch viele Interessens-gemeinschaften wie z. B. Unternehmer, Künstler, Musiker oder auch Politiker möglichst viele Menschen zu erreichen. Dies ist jedoch schwieriger geworden, da es nun mehr Interessensgruppen sowie mehr Informationskanäle gibt.

2. Elektromagnetische Wellen

Elektromagnetische Wellen umgeben uns permanent, aber nur geringe Anteile von diesen können Lebewesen mit den natürlichen Sinnesorganen wahrnehmen. So liegt zum Beispiel die des mit dem Auge sichtbaren Lichts in einem Bereich von etwa 380 – 780 nm.

Vor und hinter diesem Bereich werden aber auch Informationen übertragen. Hier zu sehen ist eine Abb., die zeigt, wie wenig wir Menschen mit einem unserer am meisten benutzten Sinnesnerven eigentlich wahrnehmen:

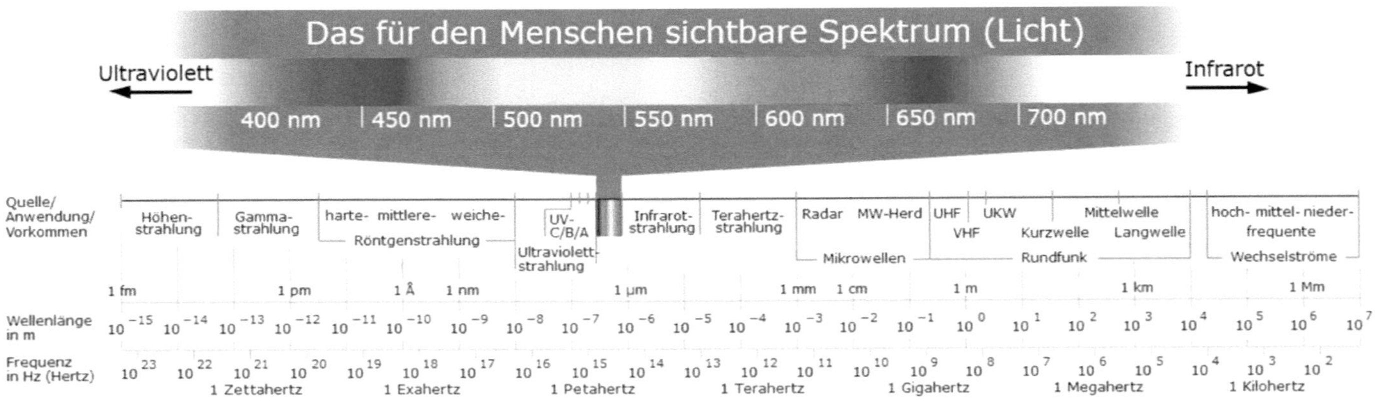

Abb. 1: Ausschnitt des elektromagnetisches Wellenspektrums

Zu beachten ist auch, dass hier keine vollständige lineare Skalierung vorliegt. Zudem wird direkt eine Zuordnung von Wellenlänge und Frequenz vorgenommen. Diese lässt sich auch mit der Formel

$$f = \frac{c}{\lambda}$$

bestimmen, wobei c für die Lichtgeschwindigkeit von ~ $3 * 10^8$ m/s steht und λ (lambda) für die Wellenlänge.

Leicht überprüfen lässt sich dabei, dass eine Welle mit der Frequenz von 10^4 Hz sich mit der Wellenlänge von etwas mehr als 10^4 m durch den Raum bewegt. Die oben gegebene Formel lässt sich nach $f * \lambda = c$ umstellen. Dies ergibt nach dem Einsetzen $3 * 10^8$ m/s. Somit entspricht „etwas mehr" ungefähr dem Faktor 3.

Elektromagnetische Wellen bestehen dabei immer aus einem elektrischen Feld und einem magnetischen Feld, die im freien Raum immer senkrecht zueinander stehen sowie gleich groß sind. In der nebenstehenden Abb. steht dabei die x-Achse in die Ausbreitungsrichtung.

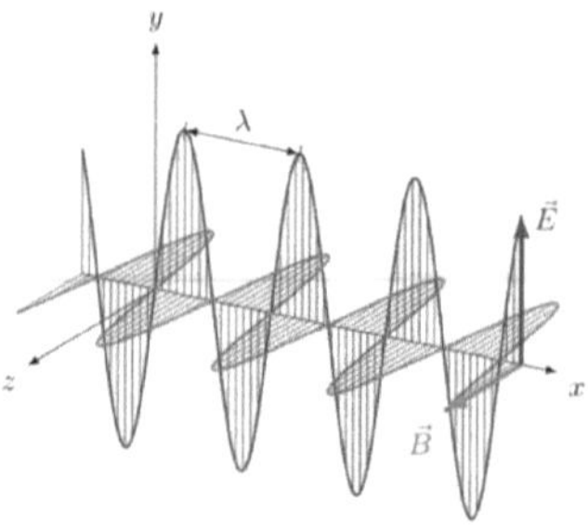

Abb. 2: Bestandteile einer elektromagnetischen Welle

Eine elektromagnetische Welle benötigt im Gegensatz zu z. B. einer Schallwelle kein Ausbreitungsmedium und kann sich daher auch ohne Materie ausbreiten. Jedoch beeinflusst das Medium die Ausbreitungsgeschwindigkeit von einer elektromagnetischen Welle. Dies wird in der Phasengeschwindigkeit angegeben. Im Vakuum ist diese gleich der Lichtgeschwindigkeit, sonst geringer.

Zusätzlich kann die elektromagnetische Welle einen Teilchencharakter aufweisen, was man Dualismus von Teilchen und

Welle nennt. Diese Vorstellung braucht man zum Beispiel um den photoelektrischen Effekt zu erklären. Dabei werden Elektronen aus einer Oberfläche herausgelöst, sobald diese mit kurzwelligem Licht bestrahlt werden. Zur Erklärung benötigt man die Quanten der elektromagnetischen Wellen, die Photonen. Diese haben eine Energie, die proportional zur Frequenz ist. Ist die Frequenz nun hoch genug oder, wie oben beschrieben, die Wellenlänge kurz genug, können Elektronen aus Atomen herausgelöst werden.

Im Gegensatz dazu behandelt man in der Optik elektromagnetische Wellen wie Strahlen.

Die Sichtweise auf elektromagnetische Wellen ist also von dem Sachzusammenhang abhängig.

In der Rundfunktechnik betrachtet und beschreibt man sie wie Wellen, wie in der Abb. rechts dargestellt.

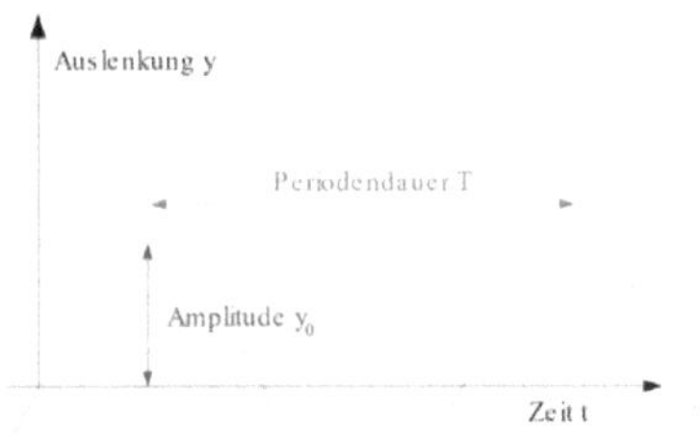

Abb. 3: Kennzahlen einer Welle

3. Modulation

Als Modulation (von lateinisch „modulatio", zu deutsch „Melodie"; auch „Rhythmus") bezeichnet man die Veränderung einer Welle von niedrigen zu hohen Frequenzen. Dabei wird das niederfrequente Nutzsignal mit einem hochfrequenten Trägersignal zu einem hochfrequenten Sende- oder auch Trägersignal moduliert und somit verändert.

Das Ziel ist es dabei, Informationen über eine elektromagnetische Welle zu übertragen. Man macht sich dabei zu Nutze, dass der

Mensch nur einen kleinen Teil des elektromagnetischen Spektrums aus der Umwelt wahrnimmt.

Bei einem Radio wandelt man zur Übertragung von Schallwellen zuerst diese in elektrische Impulse um, damit man sie zur Überbrückung von weiten Strecken in elektromagnetische Wellen umwandeln kann. Diese haben den Vorteil, nicht durch Materie gedämpft zu werden.

Deshalb muss man die aus dem Audiosignal entstehenden elektrischen Impulse so verändern, dass man sie leicht in elektromagnetische Signale übertragen kann. Dazu gibt es verschieden Ansätze, die alle Vor- und Nachteile haben.

Das Nutzsignal wird hier, wie in der Abbildung unten, vereinfacht dargestellt, denn die Amplitude und Frequenz ändern sich bei einem Sprachsignal ständig. Stattdessen werden diese Parameter im Nachhinein angepasst und beobachtet, wie sich die modulierte Welle verändert.

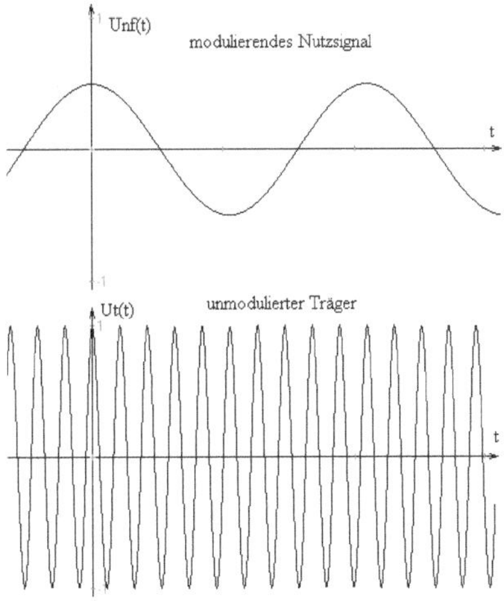

Abb. 4: niederfrequentes Nutzsignal und hochfrequenter Träger

3.1 Amplitudenmodulation

Bei der Amplitudenmodulation wird die Amplitude der Welle verändert. Dabei bleibt die Frequenz immer gleich.

Dieses Verfahren benötigt nicht viele elektronische Bauteile und wurde deshalb vor allem in den Anfängen der Rundfunktechnik benutzt.

Aber zuerst zu der Theorie:

Das Nutzsignal hat verschiedene Frequenzen und Amplituden. Im Gegensatz dazu besitzt der unmodulierte Träger nur eine Frequenz und eine Amplitude.

Der modulierte Träger lässt sich mathematisch wie folgt beschreiben:

- ω ist die Frequenz des Nutzsignals
- Ω ist die Frequenz des Trägers
- Û beschreibt die Amplitude
- Bedingung: Ω > ω
- Funktion des gesamten Nutzsignals:
    - $U_{NF}(t) = \hat{\mathrm{U}}_{NF} * \cos(\omega * \mathrm{t})$
- Funktion des Trägersignals:
    - $U_T(t) = \hat{\mathrm{U}}_T * \cos(\Omega * \mathrm{t})$

Umschrieben bedeuten diese Gleichungen etwa, dass sie oszillierende Funktionen sind, die den Hochpunkt bei Û haben. Dabei wird angenommen, dass das Nutzsignal eine gleichmäßig niederfrequente Welle darstellt und dass der Nullphasenwinkel Null beträgt.

Im Praxisbezug spielt es keine große Rolle, ob man den Kosinus oder den Sinus nimmt, denn sie können beide eine elektromagnetische Welle beschreiben.

Die Funktion der modulierten Welle errechnet sich aus der Addition des unmodulierten Trägers mit dem Produkt von Nutzsignal und der Frequenz der Trägerschwingung:

$$U_{AM}(t) = \hat{\mathrm{U}}_T * \cos(\Omega * \mathrm{t}) + (\hat{\mathrm{U}}_{NF} * \cos(\Omega * t) * \cos(\omega * \mathrm{t}))$$

Schauen wir uns zuerst an, was passiert, wenn kein Signal vorhanden ist:

1. $\hat{U}_{NF} = 0$
2. $\hat{U}_{NF} * \cos(\Omega * t) * \cos(\omega * t) = 0$

   ➔ Die resultierende modulierte Welle besteht aus dem Träger.

Nun, was passiert, wenn sich die Amplitude des Signals erhöht:

1. $U_{AM}(t) = \hat{U}_T * \cos(\Omega * t) + (\hat{U}_{NF} * \cos(\omega * t) * \cos(\Omega * t))$ (⬆ über $\hat{U}_{NF}$)
2. Da sich ein Summand erhöht, erhöht sich auch die Gesamtsumme und das passiert solange die Amplitude des Signals wieder sinkt.

Beim Erhöhen der Frequenz geschieht nachstehendes:

- $U_{AM}(t) = \hat{U}_T * \cos(\Omega * t) + (\hat{U}_{NF} * \cos(\omega * t) * \cos(\Omega * t))$ (⬆ über $\cos(\omega * t)$)
- Die Frequenz des zweiten Summanden erhöht sich.
- Dies ändert jedoch nichts an der Frequenz der amplitudenmodulierten Welle, da diese immer noch die Frequenz des Trägers hat.

  ➔Nur das „aufgesetzte" Stück der Welle ändert sich.

Graphisch kann das wie folgend dargestellt werden:

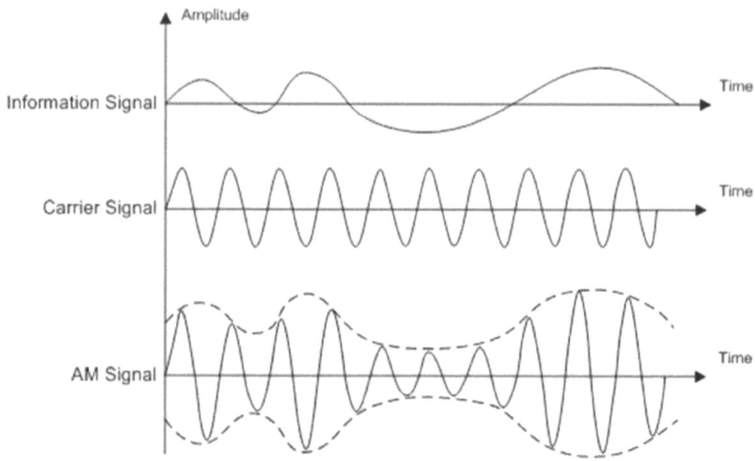

Abb. 5: Nutz-, Träger- und amplitudenmoduliertes Signal

„Transmitting Signal“ steht dabei für Nutzsignal, „Carrier Signal“ für Trägersignal und „AM Signal“ kennzeichnet die aus den anderen Signalen resultierende amplitudenmodulierte Welle.

Dieses Verfahren lässt sich mit den folgenden Bauteilen realisieren:

1. Modulation

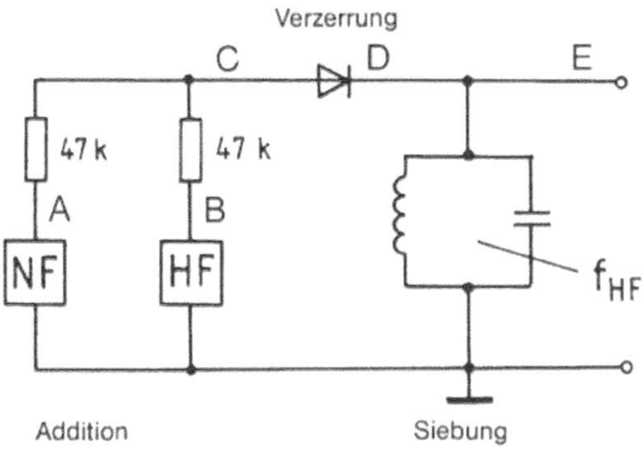

Abb. 6: Amplitudenmodulator

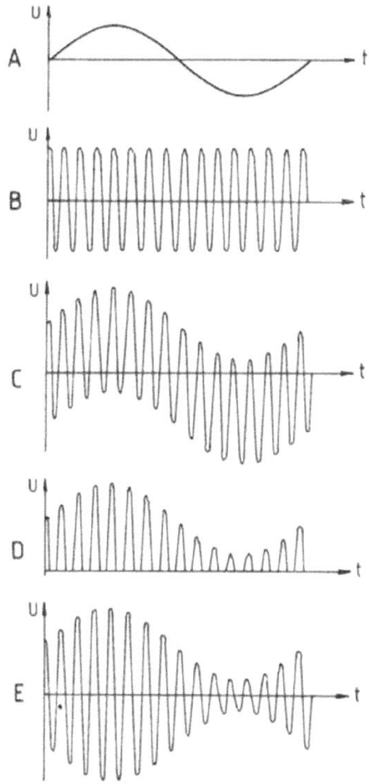

Abb. 7: Zu Abb. 6 gehörigen Wellen

An den beschrifteten Punkten stellt man die nebenstehenden Spannungen fest.

„NF" steht für die niederfrequente Signalspannung, z. B. von einem Mikrofon, so, wie „HF" für die hochfrequente Trägerspannung steht.

Dadurch, dass man diese Spannungen parallel geschaltet hat, erhält man an Punkt C die Summe beider Wellen.

Zu beachten ist auch, dass diese Spannung nur eine Überlagerung darstellt, weil die Amplituden der einzelnen Schwingungen immer noch überall gleich groß sind, nur nach oben oder unten versetzt.

Mit einer Diode lässt sich dann eine Seite der Welle abschneiden. Das ist möglich, weil die Diode aus einem Halbleiter besteht, der den Strom nur in eine Richtung fließen lässt.

Jetzt benötigt man noch einen Schwingkreis, in dem Fall auch Siebung genannt, der gleich große Amplituden auf der abgeschnittenen Seite erzeugt. Wichtig dabei ist, dass dieser Schwingkreis seine Resonanz auf der Frequenz des hochfrequenten Trägers hat. Zu beachten ist jedoch auch, dass darunter eine Masse oder auch Erdung liegt, die die Schwingungen des Schwingkreises auf eine begrenzt. Mehr dazu gibt es im Abschnitt Schwingkreise.

Jetzt hat man eine amplitudenmodulierte Welle, die, nachdem sie auf eine Antenne geleitet wurde, sehr große Distanzen zurück legen kann.

2. Demodulation

Will sich nun jemand die Signale anhören, muss er zuerst die modulierte Welle wieder demodulieren. Diesen Zweck erfüllt die folgende Schaltung:

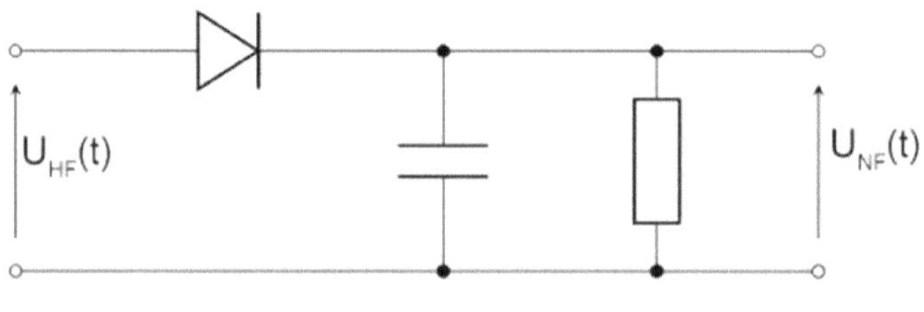

Abb. 8: vereinfachter Amplitudendemodulator

Zuerst wird mit der Diode wieder eine Polarität der Welle abgeschnitten. Danach folgt ein Kondensator mit einem parallel geschalteten Widerstand. Das nennt man auch Tiefpass, da nur noch, relativ zur Trägerfrequenz, kleine Frequenzen passieren können.

Den Widerstand benötigt man für die langsame Entladung. Außerdem muss der Kondensator so groß gewählt werden, dass er sich nicht in der Sperrzeit von der Diode entlädt, aber nicht so groß, dass er die größte Signalfrequenz des Signals kompensiert.

Die amplitudenmodulierte Welle lässt sich wie in Abbildung 9 darstellen, wobei die rote Welle die Spannung nach der Diode darstellt und die dunkelblaue Welle die Spannung U_{NF} im Amplitudendemodulator nach Abb. 8.

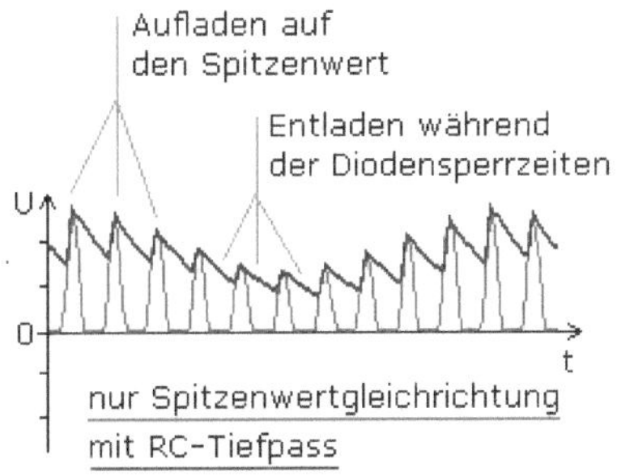

Abb. 9: Spannungen im vereinfachten Demodualtor

Obwohl man auch schon diese Welle zum Lautsprecher leiten könnte, entspricht sie nicht dem Signal.

Ein Schritt um der Signalspannung näher zu kommen, ist eine Siebschaltung dahinter zu schalten. Dies sieht dann wie folgt aus:

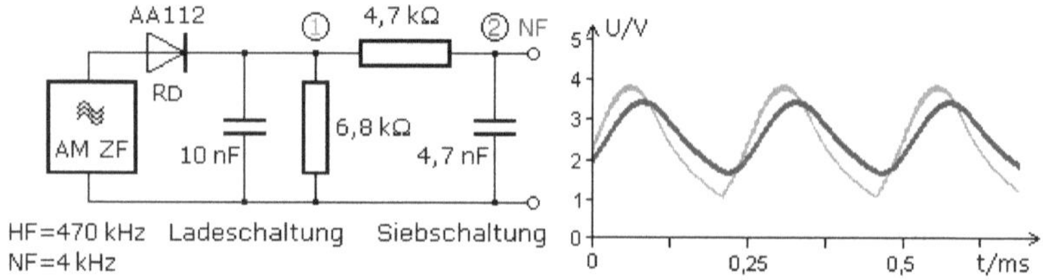

Abb. 10: Amplitudendemodulator mit Siebschaltung

Dabei spiegelt die hellblaue Kurve, die Spannung an Punkt 1 gegenüber des unten am Schaltplan verlaufenden Leiter und die dunkelblaue Kurve die Spannung an Punkt 2 zur Basis, also nach der Siebschaltung, wieder. Man erkennt nicht mehr so hohe Steigungen und es sind keine Spitzen mehr festzustellen.

Um die niederfrequente Spannung zu verstärken kann man noch eine Transistorverstärkerschaltung dazu verknüpfen, wie in Abb. 11 deutlich wird. Dabei steuert die Signalspannung, die auf der Basis liegt, wie viel Strom von der Batterie, die am Emitter liegt, über den Hörer, der mit einem seiner zwei Anschlüsse am Kollektor angeschlossen ist, fließen darf.

Zu erkennen ist das an dem Pfeil, der zu dem Transistor rein führt und angibt, dass es ein pnp-Transistor ist und in welche Richtung der technische Strom fließt.

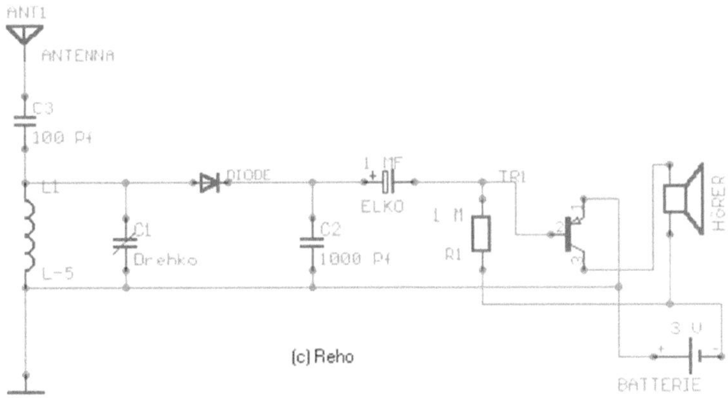

Abb. 11: Diodenempfänger mit Transistor-Verstärker

Ein in Reihe geschalteter Kondensator kann Wechselstrom leiten, da die eine Kondensatorhälfte auf der anderen die entsprechend entgegengesetzte Ladung induziert, wie in der Abb. 11 der Kondensator C3. Der Drehkondensator ist zur Sendereinstellung bestimmt. Er verändert die Resonanzfrequenz des Schwingkreises, der nur eine halbe Periodendauer wegen der anliegenden Erdung hat.

Ein großer Vorteil von diesen Frequenzbereichen ist, dass die Wellen in Resonanz mit der Ionosphäre, einem Teil der Atmosphäre schwingen. Dadurch können diese mehrmals zwischen Erde und Atmosphäre hin- und her reflektiert werden, bevor sie zu schwach zum Empfangen werden.

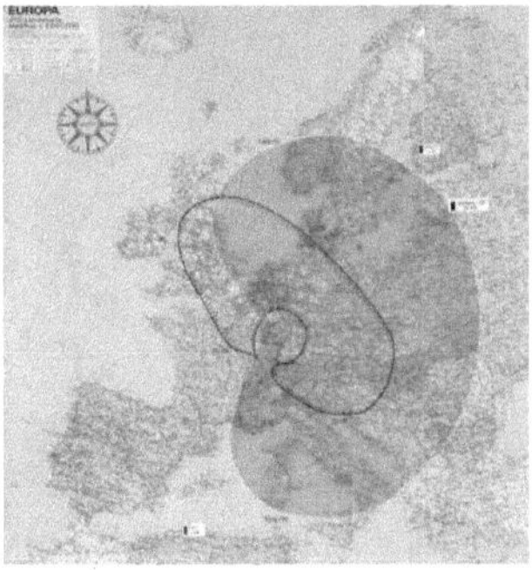

Abb. 12: Reichweite der Europawelle

Damit konnten Sender, die im Saarland ausgestrahlt wurden, von Norwegen bis Italien empfangen werden. Dies ist aus Abbildung 12 zu erkennen.

Dieser Vorteil geht einher mit dem Nachteil, dass es sehr energieintensiv ist, einen Mittelwellensender zu betreiben. Deshalb gibt es schon seit dem 1. Januar 2016 in Deutschland die Zuschüsse aus dem Fonds der Rundfunkbeiträge nicht mehr.

3.2 Frequenzmodulation

Bei der Frequenzmodulation wird die Frequenz des unmodulierten Trägers verändert. Dabei bleibt die Amplitude immer gleich.

Kurz gefasst folgt es diesem System:

Signalschwingung	**Folge an der modulierten Schwingung**
Geringere Amplitude	Fließender Wechsel der Frequenzen
Höhere Amplitude	Sprunghafter Wechsel der Frequenzen
Höhere Frequenz	Öfterer Wechsel der Frequenzen

Man kann deutlich, wie auch in der Abb. 13, erkennen, dass eine frequenzmodulierte Welle nicht nur auf der Trägerfrequenz, sondern auch auf den Frequenzen davor und dahinter gesendet wird.

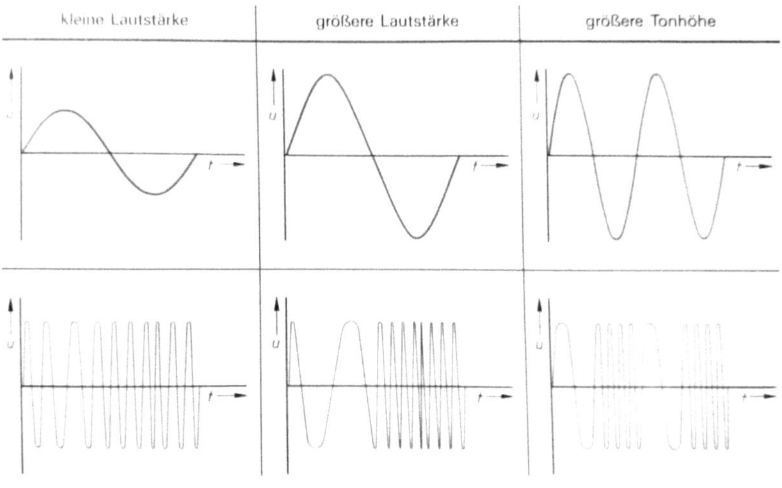

Abb. 13: Graphische Darstellung der Auswirkungen der Signalschwingung auf die modulierte Schwingung

Der Abstand zwischen tiefster und höchster Frequenz wird daher auch Frequenzhub genannt und berechnet sich mit der maximalen

Modulationsfrequenz f_s zum Modulationsindex, der proportional zur niederfrequenten Amplitude ist:

$$\eta = \frac{\Delta f_T}{f_s}$$

Der UKW-Rundfunk arbeitet mit einem Frequenzhub von etwa 150kHz[1].

Da bei der frequenzmodulierten Welle die Informationen in den Signalnulldurchgängen, demnach beim Wechsel des Vorzeichens der Spannung der elektromagnetischen Welle, liegen, können Störquellen herausgefiltert werden, weil sich diese Störungen meistens auf die Amplitude auswirken.

Ein Nachteil ist bei der Frequenzmodulation nur, dass die Demodulation technisch aufwendiger ist und früher deshalb vor allem kostspieliger war.

4. Schwingkreise

Schwingkreise können verschiedene Funktionen erfüllen und finden deshalb im Radio sehr häufig Anwendung. Sie bestehen aus einer Spule und einem Kondensator.

Wenn man sie mit einem mechanischen Bauteil vergleichen müsste, wäre da sicherlich das Pendel geeignet. Denn sowohl bei einem Pendel als auch bei einem Schwingkreis werden zwei Energieformen endlos ineinander übertragen, wenn man ideale Bauteile sowie eine ideale Umgebung hätte. Das heißt, Bauteile die nur die Funktion

[1] https://www.itwissen.info/UKW-Rundfunk-UKW-broadcasting.html

haben, für die sie gemacht wurden, zum Beispiel dass eine Spule keinen inneren Widerstand hätte.

Bei Pendeln wechseln sich die potenzielle und die kinetische Energie ab. Bei Schwingkreisen sind es die elektrische Feldenergie des Kondensators und die magnetische Feldenergie der Spule, die sich abwechseln.

In Resonanz zu einer anderen Schwingung oszilliert ein Schwingkreis, wenn die Frequenz von ihm mit einem ganzzahligen Teiler die Frequenz von der anderen Welle teilen kann. Eine andere Schwingung könnte durch einen Leiter von dem Schaltkreis, in dem der Schwingkreis geschaltet ist, übertragen werden.

Dabei kann man die ablaufenden Prozesse in vier Schritte einteilen, wobei hier mit einem Elektronenüberschuss auf der unteren Kondensatorplatte als Start ausgegangen wird:

1. Die gesamte Energie befindet sich am Anfang von diesem Schritt in der elektrischen Feldenergie vom Kondensator. Die überschüssigen negativen Ladungen auf der unteren Kondensatorplatte versuchen dem Potenzialunterschied über den Leiter gerecht zu werden und fließen ab. Dadurch kommt ein Stromfluss zustande.

2. Der Leiter ist teilweise wie eine Spule geformt, die ein magnetisches Feld ausbildet, sobald die Elektronen durch sie fließen. Zu dem Zeitpunkt, an dem das magnetische Feld der Spule am stärksten ist, verfügt sie auch über die gesamte Energie des Schwingkreises in Form des magnetischen Feldes. Allerdings widersetzt sie sich auch nach der Lenzschen Regel

dem magnetischen Feldabbau und induziert noch nach den Elektronen, die wegen dem Potenzialunterschied geflossen sind, weitere Elektronen, die den Feldabbau verlangsamen.

3. Dadurch kommt es wieder zu einem Elektronenüberschuss, nur dieses Mal an der Kondensatorplatte, an der noch vor ½ Periodendauer ein Elektronenmangel bzw. ein positiver Pol war und die Energie des Schwingkreises liegt wieder im elektrischen Feld des Kondensators.

4. Durch den wiedereingetretenen Spannungsunterschied fließen nun wieder Elektronen durch die Spule, die noch weitere, um dem magnetischen Feldabbau entgegen zu wirken, Elektronen hinterher zieht und der Elektronenüberschuss ist wieder auf der selben Elektrode wie beim 1. Schritt.

⇨ Diese Schritte würden sich somit endlos wiederholen, wenn alle Leiter widerstandsfrei wären.

Diese Schritte sind hier noch einmal graphisch dargestellt, wobei die technische Stromrichtung eingezeichnet ist:

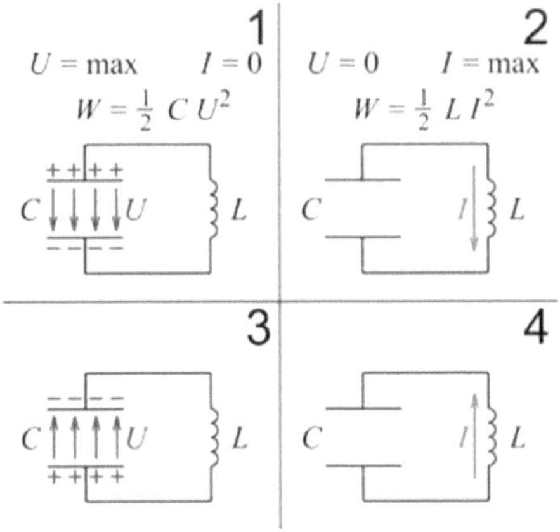

Abb. 14: Eine ganze Schwingung eines Schwingkreises

Im Fall der Modulation wird die Schwingung auf eine halbe Periodendauer beschränkt, indem eine Kondensatorhälfte mit der Masse, also einer Erdung, verbunden ist. Dadurch treten die oben aufgeführten Schritte nur bis zum zweiten ein, denn die Elektronen werden nicht gespeichert sondern fließen ab.

Die Periodendauer, also die Zeit bis die Schaltung wieder den Ursprungszustand eingenommen hat, berechnet sich mit der Thomsonschen Schwingungsgleichung:

$$T = \frac{1}{f} = 2\,\pi\,\sqrt{\mathrm{L} * \mathrm{C}}$$

L steht für die Induktivität der Spule sowie C für die Kapazität des Kondensators.

Die Energien, die sich im Schwingkreis immer abwechseln, errechnen sich nach:

1. Der Energie in der Spule (magnetische Feldenergie):

$$W_{mag} = \frac{1}{2} * L * I^2$$

2. Der Energie in dem Kondensator (elektrische Feldenergie):

$$W_{elek} = \frac{1}{2} * C * U^2$$

Um nun eine elektromagnetische Radiowelle im Ultrakurzwellenbereich auszusenden, benötigt man einen Schwingkreis, der eine elektromagnetische Welle mit einer Wellenlänge von z. B. 1m aussendet.

Setzt man aber einen der kleinsten[2] Kondensatoren - gemessen an der Kapazität - mit etwa 0,4pF und eine der kleinsten[3] Spulen - gemessen an der Induktivität - mit etwa 1nH in einen Schwingkreis so bekommt man nach der obigen Gleichung eine Schwingungsperiodendauer von:

$$2 * \pi * \sqrt{1 * 10^{-9}H \ * 0{,}4 * 10^{-12}F} \approx \ 1{,}26 * 10^{-10} * \sqrt{\frac{V * s}{A} * \frac{A * s}{V}}$$

$$\approx 1{,}26 * 10^{-10}s$$

---

[2] Von allen Kondensatoren auf conrad.de nach der Kapazität geordnet

[3] Von alle Spulen auf conrad.de nach der Induktivität geordnet; für Spulen < 10€

Multipliziert mit der Lichtgeschwindigkeit ergibt sich dann eine Wellenlänge von 0,037m. Vergrößert man die Bauteile, erreicht man den gewünschten Meterbereich der Wellenlänge.

Ändert man die Bauweise der Antenne allerdings in folgender Weise, erreicht man eine noch höhere Frequenz für noch kleinere Wellenlängen:

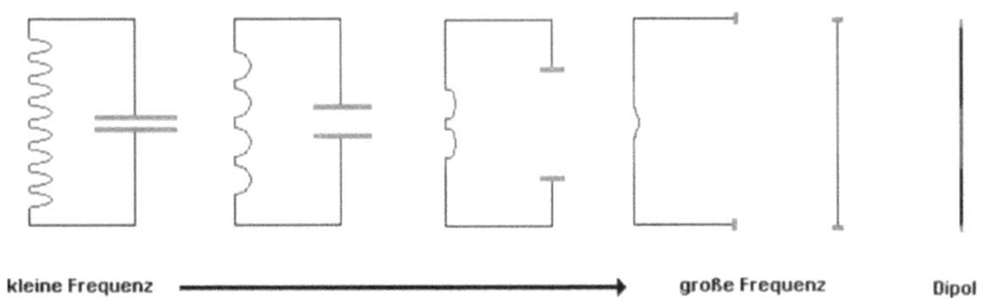

Abb. 15: Veränderungen des Schwingkreises zum Hertzschen Dipol

Wie man in Abb. 15 sehen kann, lässt man die Kapazität des Kondensators mit dem Auseinanderbewegen und dem Verkleinern der Kondensator Plattenfläche sinken. Bei der Spule verkleinert man die Induktivität, indem man die Windungszahl schrumpfen lässt, solange bis die Spule nur noch aus einem länglichen Leiter besteht.

Dieser Leiter wurde nach Heinrich Hertz zum Hertzschen Dipol benannt.

Wenn man nun eine Antenne zum Beispiel auf dem Autodach geometrisch kürzen möchte, kann man auch in die Antenne wieder eine Spule einbauen, die sie wieder elektrisch verlängert, also die Resonanzfrequenz erniedrigt.

5. Lautsprecher

Wenn die demodulierten Spannungen nun, wie beim Radio, ein Audiosignal darstellen sollen, verwendet man noch einen Lautsprecher der diese in Schallwellen umwandelt. Im Folgenden wird mit Lautsprecher immer der klassische Konus Lautsprecher gemeint sein.

Im Wesentlichen besteht er aus folgenden Bauteilen, wie auch im Lautsprecherquerschnitt in Abb. 16 zu sehen ist:

1. Ein Ringförmiger Südpol,
2. Ein mit ein wenig Abstand darin befindlicher, zylindrischer Nordpol,
3. Einer Spule, die dazwischen beweglich und an
4. Einer Membran befestigt ist.

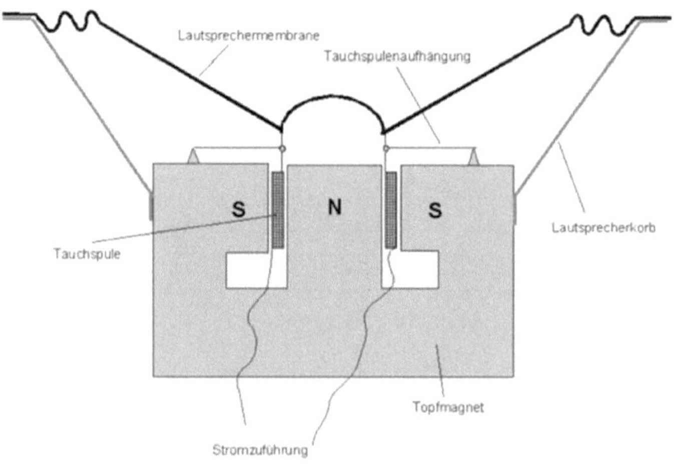

Abb. 16: Querschnitt eines Lautsprechers

Mit Hilfe der „Drei-Finger-Regel" lässt sich nun bestimmen, dass bei einem wie in Abb. 17 dargestellten Stromfluss die Spule eine Kraft aus den Magneten heraus erfährt.

Bei umgedrehtem Stromfluss erfährt die Spule, wenn man vom Bezugssystem des Magneten ausgeht, die entgegengesetzte Kraft, also zwischen die Magneten hinein.

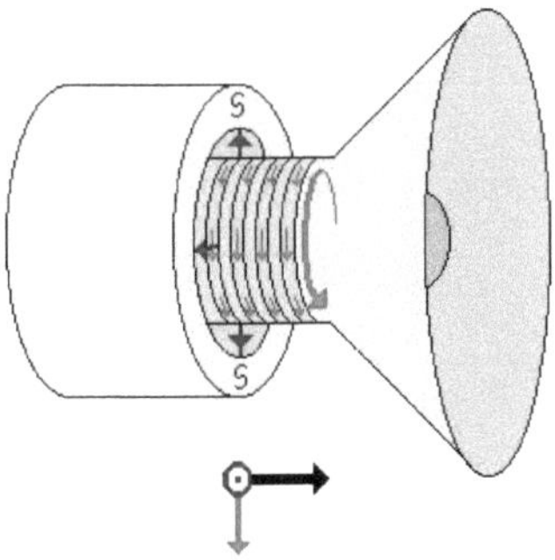

Abb. 17: Funktion eines Lautsprechers

6. Eigenbau

Nachdem ich jedes Bauteil im Radio verstanden hatte, wollte ich nun mein eigenes Radio bauen und wagte mich an den Diodenempfänger mit Transistorverstärker nach der Abb. 11:

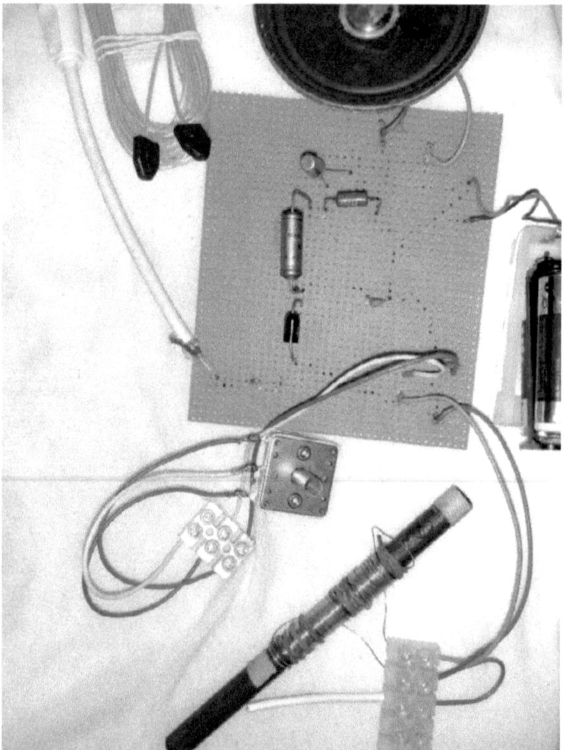

Abb. 18: Vorderseite der Platine des Diodenempfängers mit Transistorverstärkung

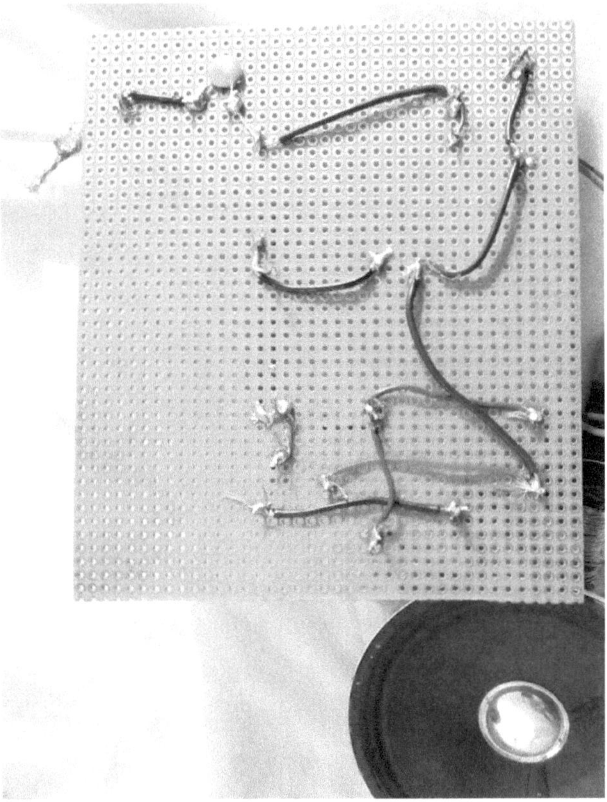

Abb. 19: Rückseite der Platine des Diodenempfängers mit Transistorverstärkung

Bei den rot gekennzeichneten Feldern der Vorderseite ist auf der Rückseite der Kondensator gelötet. Ansonsten befinden sich alle Bauteile auf der Vorderseite. Außerdem besitzt die Spule 100

Windungen und das weiße Stück Kabel aus der Lüsterklemme führt zur Erde. Die rote Wurfantenne ist über ein stabileres weißes Kabel an der Platine angelötet.

Die Lüsterklemmen vor dem Drehkondensator, der Spule und dem Lautsprecher ermöglichen in der Entwicklungsphase einen schnelleren Wechsel der Bauteile.

7. Schlusswort

Zum Schluss möchte ich allen, die mich bei meiner Facharbeit tatkräftig unterstützt haben bedanken. Dies betrifft meinen Vater, der mit mir beim Bau für Ratschläge offenstand und meinen Geschwistern, die die mühsame Arbeit der Korrekturlesung übernommen haben.
Nicht zuletzt möchte ich mich auch bei meinem betreuenden Fachlehrer Herr Müller für die stets zuverlässige und fachliche Kommunikation bedanken.

Die Entscheidung über das Radio zu schreiben war die Richtige, denn ich habe nicht nur alle meine bisherigen Fragen bezüglich des Themas klären können, sondern konnte zudem noch andere Bauteile, wie zum Beispiel den Lautsprecher verstehen, den ich noch, mangels Physik-Wissen, vor einigen Jahren nicht verstehen konnte.

8. Abbildungsverzeichnis

Alle Abbildungen wurden am 25.02.2018 das letzte Mal aufgerufen.

Abb. 1:

https://upload.wikimedia.org/wikipedia/commons/6/62/Electromagnetic_spectrum_-de_c.svg

Abb. 2:

https://upload.wikimedia.org/wikipedia/commons/4/40/EM-Wave_noGIF.svg

Abb. 3:

https://upload.wikimedia.org/wikipedia/commons/f/f8/Schwingungsanimation_nogif.svg

Abb. 4:

https://upload.wikimedia.org/wikipedia/commons/b/b8/Amplitudenmodulation3.png

Abb. 5:

https://qph.fs.quoracdn.net/main-qimg-160870a1426502f3700f1c52310d5e56

Abb. 6:

https://www.darc.de/fileadmin/filemounts/referate/ajw/Onlinelehrgang/a12/bild12-1.gif

Abb. 7:

https://www.darc.de/fileadmin/filemounts/referate/ajw/Onlinelehrgang/a12/bild12-2.gif

Abb. 8:

https://upload.wikimedia.org/wikipedia/commons/6/6c/Simple_envelope_detector.svg

Abb. 9 (zugeschnitten):

https://elektroniktutor.de/signalkunde/sig_pict/amdemod.png

Abb. 10:

https://elektroniktutor.de/signalkunde/sig_pict/amdemod1.png

Abb. 11:

http://www.s-line.de/homepages/horber-privat/grafik/diover.gif

Abb. 12:

http://www.saar-nostalgie.de/SenderHeusweiler1.htm

Abb. 13:

Grafik aus dem Buch Fachkunde Radio-, Fernseh-, Funkelektronik von der Seite 335

Abb. 14:

https://upload.wikimedia.org/wikipedia/commons/b/b5/LC_circuit_4_times_new_version.svg

Abb. 15:

http://www.schule-bw.de/faecher-und-schularten/mathematisch-naturwissenschaftliche-faecher/physik/unterrichtsmaterialien/wellen/em_wellen/dipols0.gif

Abb. 16:

https://upload.wikimedia.org/wikipedia/commons/thumb/6/6c/Dynamischer_Lautsprecher.png/615px-Dynamischer_Lautsprecher.png

Abb. 17 (bearbeitet):

http://www.schule-bw.de/faecher-und-schularten/mathematisch-naturwissenschaftliche-faecher/physik/unterrichtsmaterialien/e_lehre_1/induktion/ls8.gif

Abb. 18 & 19 aus eigener Produktion

9. Literaturverzeichnis

- Gregor Häberle/ Heinz Häberle/ Thomas Kleiber/ Ernst Leeb/ Klaus Rieger/ Helmut Röder/ Heinz Ruckriegel/ Willi Schleer/ Bernd Schiemann/ Dieter Schnell/ Dietmar Schmid/ Dietmar Schmid/ Manfred Schuh/ Edwin Steiner (1992):
  Fachkunde Radio-, Fernseh- und Funkelektronik. 2. Auflage. Europa Lehrmittel Berlin.
  - Schwingkreise [S. 151]
  - Modulation und Demodulation [S. 327, 329, 335, 336, 342]

- Detlef Mietke (k. A.): „Frequenzmodulation“, Abrufdatum 18. Februar 2018, URL: https://elektroniktutor.de/signalkunde/fm.html

- Detlef Mietke (k. A.): „Demodulation von AM-Signalen“, Abrufdatum 18. Februar 2018, URL: https://elektroniktutor.de/signalkunde/am_demod.html

- Detlef Mietke (k. A.): „Der Parallelschwingkreis“, Abrufdatum 18. Februar 2018, URL: https://elektroniktutor.de/analogtechnik/par_swkr.html

- Eckart K. W. Moltrecht (2016): „Kapitel 12: Modulation und Demodulation“ Artikel des DARC online Lehrgang, Abrufdatum 25. Februar 2018, URL: https://www.darc.de/der-club/referate/ajw/lehrgang-ta/a12/

- Hansjörg Wigger (2014): „Vom Zeitzeichen zum Digitalradio“, Abrufdatum 10. Februar 2018, URL: https://www.elektrotechnik.ch/artikel/vom-zeitzeichen-zum-digitalradio/

- Landesbildungsserver Baden-Württemberg (k. A.): „Der dynamische Lautsprecher“, Abrufdatum: 25. Februar 2018, URL: http://www.schule-bw.de/faecher-und-schularten/mathematisch-naturwissenschaftliche-faecher/physik/unterrichtsmaterialien/e_lehre_1/induktion/lautsprecher.htm
- Leifi-Physik (k. A.): „Mechanische Schwingungen“, Abrufdatum 21. Februar 2018, URL: https://www.leifiphysik.de/mechanik/mechanische-schwingungen/fadenpendel

- Leifi-Physik (k. A.): „Resonanz bei Schwingkreisen“, Abrufdatum 26. Februar 2018, URL: https://www.leifiphysik.de/elektrizitaetslehre/elektromagnetische-schwingungen/versuche/resonanz-bei-schwingkreisen

- Mario Lehwald (2016): „Ausbreitung der Kurzwellen“, Abrufdatum 17. Februar 2018, URL: http://www.hobby-bastelecke.de/rundfunk/kw.htm

- Saar Nostalgie (2016): „Der Mittelwellensender Heusweiler“, Abrufdatum 10. Februar 2018, URL: http://www.saar-nostalgie.de/SenderHeusweiler1.htm

- Wikipedia (2018): „Welle“, Abrufdatum 25. Februar 2018. URL: https://de.wikipedia.org/wiki/Welle

- Wikipedia (2018): „Elektromagnetische Welle“, Abrufdatum 25. Februar 2018, URL: https://de.wikipedia.org/wiki/Elektromagnetische_Welle

- Wikipedia (2017): „Frequenzmodulation“, Abrufdatum 25. Februar 2018, URL: https://de.wikipedia.org/wiki/Frequenzmodulation
- Wikipedia (2016): „Demodulator“, Abrufdatum 25. Februar 2018, URL: https://de.wikipedia.org/wiki/Demodulator

- Wikipedia (2017): „Hörfläche“, Abrufdatum 25. Februar 2018, URL: https://de.wikipedia.org/wiki/H%C3%B6rfl%C3%A4che

- Wikipedia (2018): „Antennentechnik“, Abrufdatum 25. Februar 2018, URL: https://de.wikipedia.org/wiki/Antennentechnik

- Wikipedia (2018): „Transistor“, Abrufdatum 25. Februar 2018, URL: https://de.wikipedia.org/wiki/Transistor

- Wikipedia (2018): „Verlängerungsspule“, Abrufdatum 25. Februar 2018, URL: https://de.wikipedia.org/wiki/Verl%C3%A4ngerungsspule

- Wikipedia (2017): „Geschichte des Hörfunks“, Abrufdatum 25. Februar 2018, URL: https://de.wikipedia.org/wiki/Geschichte_des_H%C3%B6rfunks

10. Abkürzungen

Abb. Abbildung

k. A. keine Angaben

11. Anhang

2.3 Schwingkreise

2.3.1 Schwingung und Resonanz

Versuch 1: Schließen Sie an einen auf 10 V aufgeladenen Kondensator mit einer Kapazität von etwa 200 µF eine Spule mit einer Induktivität von über 100 H an **(Bild 1)**! Messen Sie die Spannung am Kondensator und die Stromstärke in der Spule mit Meßinstrumenten, deren Nullpunkte sich in Skalenmitte befinden!

Am Kondensator ist eine Wechselspannung mit gleich bleibender Frequenz und abnehmender Amplitude[1] vorhanden. Durch die Spule fließt ein Wechselstrom, welcher der Spannung nacheilt.

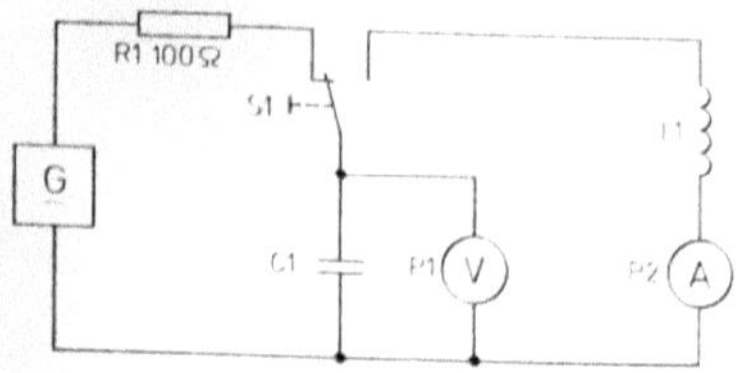

Bild 1: **Parallelschaltung aus Spule und Kondensator**

Der Kondensator ist aufgeladen und entlädt sich über die Spule. In ihr entsteht ein magnetisches Feld. Nach der Lenzschen Regel fließt der Strom in der Spule nach dem Entladen des Kondensators weiter und lädt den Kondensator entgegengesetzt auf. Nun entlädt sich der Kondensator wieder über die Spule und der Vorgang wiederholt sich. Die Energie pendelt zwischen Kondensator und Spule **(Bild 2)**. Man nennt deshalb eine solche schwingfähige Schaltung einen *Schwingkreis*.

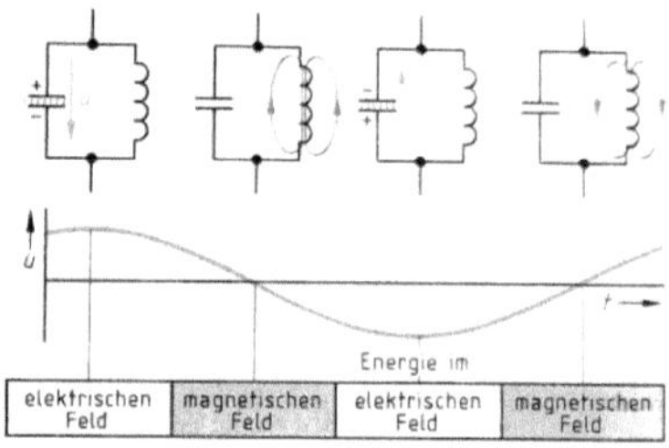

Bild 2: **Energieumwandlung in einem Schwingkreis**

Versuch 2: Wiederholen Sie Versuch 1 jeweils mit einer Spule kleinerer Induktivität und einem Kondensator kleinerer Kapazität!

Die Eigenfrequenz des Schwingkreises ist um so größer, je kleiner Kapazität und Induktivität sind.

Bei Schwingkreisen mit großen Kapazitäten und großen Induktivitäten wird zum Umladen des Kondensators eine längere Zeit benötigt als bei kleinen Werten. Die Eigenfrequenz eines Schwingkreises ist um so niedriger, je größer die Induktivität und die Kapazität sind.

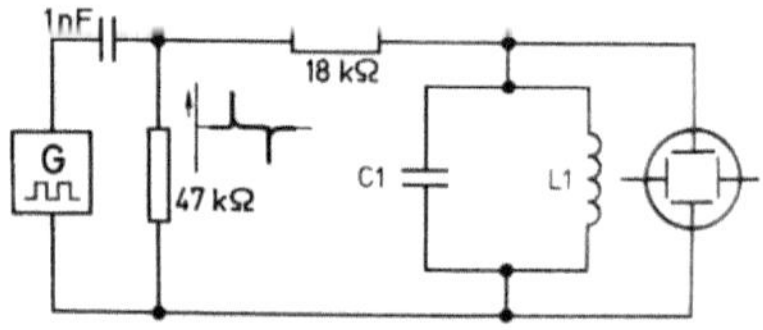

Bild 3: **Parallelschaltung aus Spule und Kondensator am Rechteckgenerator**

Versuch 3: Schließen Sie einen Rechteckgenerator mit einer Frequenz von etwa 200 Hz über ein Differenzierglied und einen Widerstand von 18 kΩ an die Parallelschaltung einer Spule von etwa 250 mH und eines Kondensators von 4,7 nF an **(Bild 3)**! Oszilloskopieren Sie die Spannung an der Parallelschaltung aus Spule und Kondensator!

An der Parallelschaltung aus Spule und Kondensator entsteht eine Wechselspannung mit gleichbleibender Frequenz und abnehmender Amplitude.

Da am Widerstand des Differenziergliedes Nadelimpulse vorhanden sind, wird dem Schwingkreis nur jeweils kurzzeitig Energie zugeführt. Dadurch entstehen Schwingungen mit der Eigenfrequenz des Schwingkreises. Die Verluste im Schwingkreis bewirken ein Abklingen der Schwingungen.

Sind Generatorfrequenz und Eigenfrequenz des Schwingkreises gleich groß, so ist der Schwingkreis mit der Generatorfrequenz in *Resonanz*[2]. Man nennt deshalb Schwingkreise auch *Resonanzkreise*. Ein Schwingkreis kann auch durch Impulse, deren Pulsfrequenz ein ganzzahliger Teil seiner Eigenfrequenz ist, in Schwingungen versetzt werden. In diesen Impulsen ist eine Teilschwingung enthalten, deren Frequenz so groß ist wie die Eigenfrequenz des Schwingkreises.

[1] lat. Amplitudo = Weite, Schwingungsweite; [2] lat. resonare = schwingen

5.4 Modulation und Demodulation

Im Sender wird ein hochfrequenter Träger mit den niederfrequenten Signalen *moduliert*[1], damit niederfrequente Signale über die Sendeantenne abgestrahlt werden. Die Trägerfrequenzen der einzelnen Sender sind voneinander verschieden. Dadurch können mehrere Sendungen gleichzeitig über die Übertragungsstrecke übertragen werden. Durch *Demodulation*[2] werden die Signale am Empfangsort wiedergewonnen.

5.4.1 Amplitudenmodulation

Bei der Amplitudenmodulation wird die Amplitude der hochfrequenten Trägerschwingung durch die Information geändert. Die Frequenz der Trägerschwingung bleibt unverändert.

5.4.1.1 Amplitudenmodulation mit Analogsignal

Die Amplitudenmodulation mit Sinussignal wird z. B. in der Rundfunktechnik im Lang-, Mittel- und Kurzwellenbereich, in der Fernsehtechnik zur Bildübertragung und in der Trägerfrequenztechnik (Abschnitt 5.6) angewendet **(Bild 1)**.

Zerlegt man eine amplitudenmodulierte Schwingung, die mit einem sinusförmigen Signal moduliert ist, in ihre Teilschwingungen, so erhält man die Trägerschwingung und zwei weitere Schwingungen, die *Seitenschwingungen* (Bild 1). Die Frequenz der unteren Seitenschwingung ist gleich der Differenz aus Trägerfrequenz und Signalfrequenz, die Frequenz der oberen Seitenschwingung ist gleich der Summe beider Frequenzen.

Eine amplitudenmodulierte Schwingung besteht aus der Trägerschwingung und den Seitenschwingungen.

Besteht ein Signal, z. B. ein Klang, aus einer Summe von mehreren Sinusschwingungen, so entstehen bei der Amplitudenmodulation zu jeder Sinusschwingung zwei Seitenschwingungen **(Bild 1, folgende Seite)**. Ihre Amplituden sind jeweils halb so groß wie die der zugehörigen Sinusschwingung. Die Seitenschwingungen der Signale mit tiefen Frequenzen liegen zu beiden Seiten des Trägers in der Nähe der Trägerfrequenz, die Seitenschwingungen der Signale mit höheren Frequenzen liegen vom Träger weiter entfernt. Zu beiden Seiten des Trägers entsteht je ein Seitenband. Zur Übertragung der beiden Seitenbänder ist die doppelte Bandbreite des Signals erforderlich.

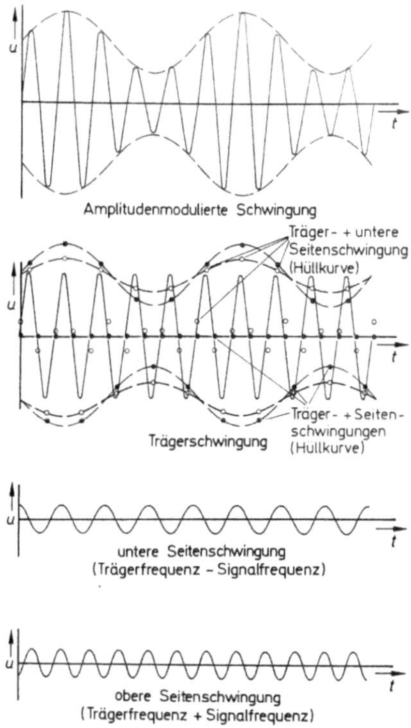

Bild 1: Zerlegung der amplitudenmodulierten Schwingung

f_o Frequenz der oberen Seitenschwingung
f_u Frequenz der unteren Seitenschwingung
f_i Signalfrequenz
f_T Trägerfrequenz

$$f_o = f_T + f_i$$

$$f_u = f_T - f_i$$

[1] lat. modulatio = Takt, Rhythmus
[2] lat. de- = ent- (Vorsilbe), z. B. demodulieren = entmodulieren

Beispiel:

Mit einem Oszilloskop wird an einer amplitudenmodulierten Spannung eine kleinste Schwingungsbreite $\hat{\check{u}}_{min}$ von 1,4 V und eine größte Schwingungsbreite $\hat{\check{u}}_{max}$ von 4,2 V gemessen. Wie groß ist der Modulationsgrad?

Lösung:

$$m = \frac{\hat{\check{u}}_{max} - \hat{\check{u}}_{min}}{\hat{\check{u}}_{max} + \hat{\check{u}}_{min}} = \frac{4{,}2\ \text{V} - 1{,}4\ \text{V}}{4{,}2\ \text{V} + 1{,}4\ \text{V}} = 0{,}5 = \mathbf{50\%}$$

m Modulationsgrad

$\hat{\check{u}}_{max}$ größte Schwingungsbreite

$\hat{\check{u}}_{min}$ kleinste Schwingungsbreite

$$m = \frac{\hat{\check{u}}_{max} - \hat{\check{u}}_{min}}{\hat{\check{u}}_{max} + \hat{\check{u}}_{min}}$$

Modulationsschaltungen

Versuch 2: Schalten Sie die Ausgänge zweier Tonfrequenzgeneratoren mit kleinen Innenwiderständen in Reihe! Schließen Sie einen Widerstand an **(Bild 1)**, und oszilloskopieren Sie die Spannung am Widerstand! Stellen Sie dabei an dem einen Tonfrequenzgenerator 1000 Hz, am anderen Tonfrequenzgenerator 10 000 Hz ein!

Die Schwingungen der Tonfrequenzgeneratoren sind überlagert.

Die hochfrequente Schwingung und die niederfrequente Schwingung werden addiert. Die Schwingungsbreite der hochfrequenten Schwingung ändert sich nicht. Die hochfrequente Schwingung schwankt im Rhythmus der niederfrequenten Schwingung um ihre Ruhelage. Bei der Überlagerung entstehen keine neuen Schwingungen. Die überlagerten Schwingungen können durch einfache Filter, z. B. durch einen Hochpaß und einen Tiefpaß, in ihre Ausgangsschwingungen zerlegt werden.

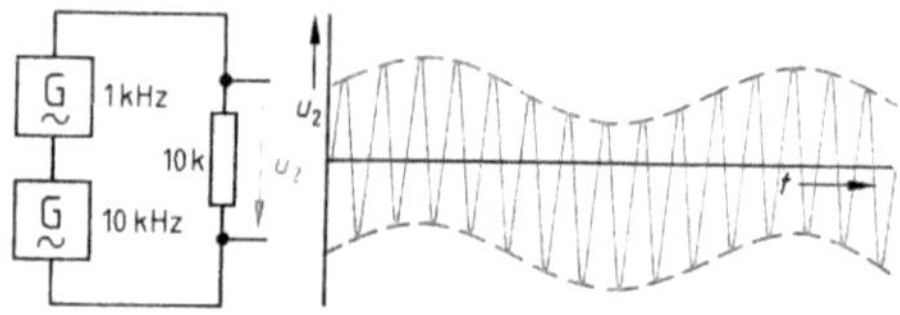

Bild 1: Überlagerung zweier Schwingungen

Versuch 3: Wiederholen Sie Versuch 2! Schalten Sie aber zu dem Widerstand eine Diode in Reihe **(Bild 2)**!

Die Amplitude der Spannung am Widerstand ist nicht konstant.

Werden eine hochfrequente und eine niederfrequente Schwingung gleichzeitig an ein Schaltelement mit einer geknickten oder gekrümmten Strom-Spannungs-Kennlinie gelegt, so wird durch das Schaltelement die Amplitude des hochfrequenten Stromes zusammen mit der niederfrequenten Schwingung geändert. Der hochfrequente Strom wird also amplitudenmoduliert. Bei dieser Modulation entstehen *neue* Teilschwingungen.

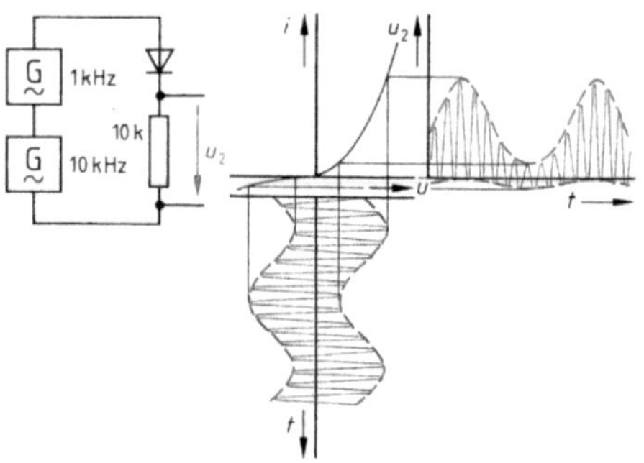

Bild 2: Modulation mit einer Diode

Neben der Trägerschwingung und den Seitenschwingungen aus Trägerfrequenz plus Signalfrequenz und Trägerfrequenz minus Signalfrequenz entstehen noch weitere Seitenschwingungen. Durch geeignete Filter, z. B. einen Schwingkreis, können diese störenden Teilschwingungen ausgefiltert werden **(Bild 3)**.

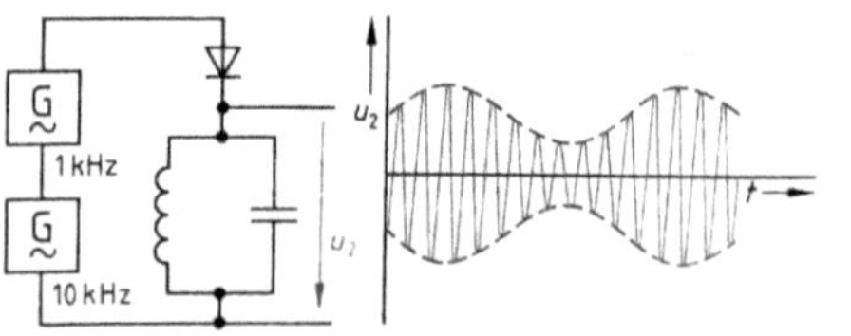

Bild 3: Modulierte Spannung an einem Schwingkreis

5.4.2 Winkelmodulation

Zur Winkelmodulation gehören die Frequenzmodulation und die Phasenmodulation.

5.4.2.1 Frequenzmodulation

Die Frequenzmodulation wird z. B. in der Rundfunktechnik im UKW-Bereich und in der Fernsehtechnik zur Übertragung des Tonsignals angewendet. Dabei wird die Frequenz der hochfrequenten Trägerschwingung durch die niederfrequente Schwingung des Signals geändert **(Bild 1)**. Die Amplitude der so modulierten Schwingung bleibt unverändert.

Die Abweichung der Frequenz von der Trägerfrequenz ist um so größer, je größer die Amplitude der Signalschwingung ist **(Tabelle 1)**. Man bezeichnet die größte Abweichung der Frequenz von der Trägerfrequenz als *Frequenzhub*. Die Zahl der *Änderungen* der Frequenz ist um so größer, je höher die Signalfrequenz ist. Bei einer Signalfrequenz von 100 Hz ändert sich die Hochfrequenz 100mal in der Sekunde. Der Frequenzhub ist von der Signalfrequenz unabhängig.

Bei Rundfunkempfängern für Frequenzmodulation ist die Lautstärke durch den Frequenzhub, die Tonhöhe durch die Zahl der Frequenzänderungen in der Zeiteinheit bestimmt.

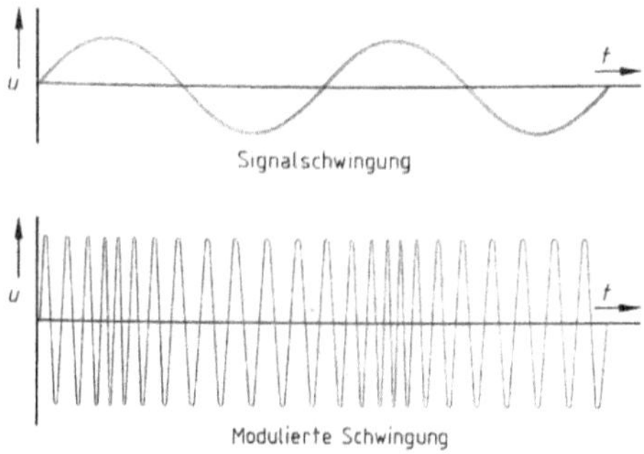

Bild 1: Frequenzmodulierte Schwingung

Bei der zeichnerischen Darstellung der frequenzmodulierten Schwingung im Linienbild sind die Nulldurchgänge der Schwingungslinie zeitlich verschoben **(Bild 1, folgende Seite)**. Die Verschiebung ist um so größer, je größer der Frequenzhub und je niedriger die Frequenz des Signals ist. Man nennt die größte Verschiebung der Schwingung gegenüber der Trägerschwingung den *Phasenhub*.

Bei der frequenzmodulierten Schwingung ist der Phasenhub der Signalfrequenz umgekehrt proportional.

Tabelle 1: Frequenzmodulierte Schwingung

Signal	kleine Lautstärke	größere Lautstärke	größere Tonhöhe
Signalschwingung	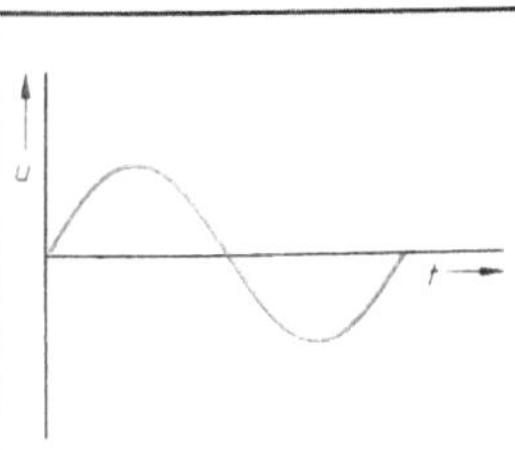	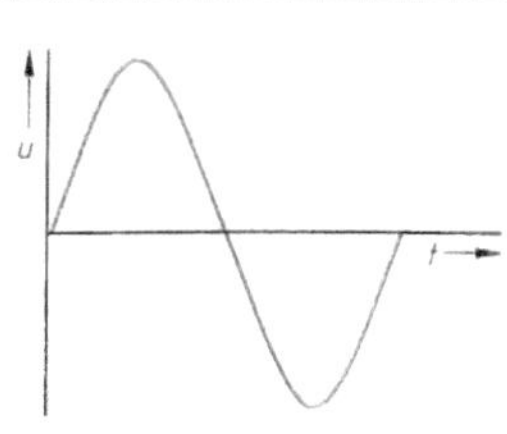	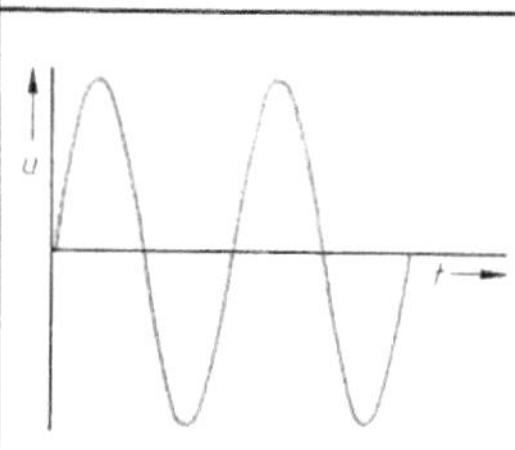
Modulierte Schwingung	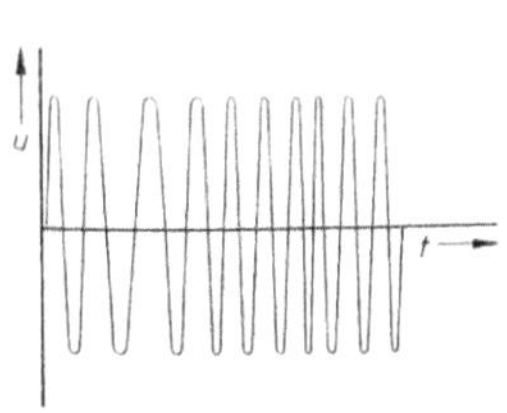	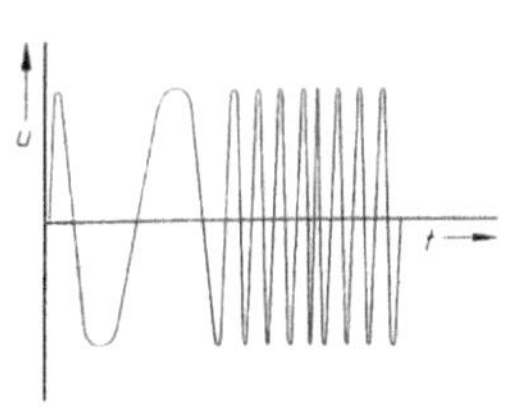	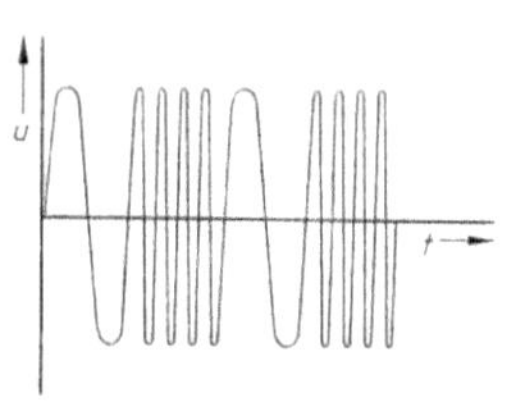

Das Verhältnis des Frequenzhubs zur Signalfrequenz nennt man *Modulationsindex*.

m Modulationsindex
Δf Frequenzhub
f_i Frequenz der Signalschwingung (Modulationsfrequenz)

Bei Sinusform:

$$m = \frac{\Delta f}{f_i}$$

Zerlegt man bei kleinem Modulationsindex ($m < 1$), z. B. bei hoher Modulationsfrequenz, eine frequenzmodulierte Schwingung, die mit einem sinusförmigen Signal moduliert ist, in ihre Teilschwingungen (Bild 1), so erhält man die Trägerschwingung und zwei Seitenschwingungen. Die Frequenz der oberen Seitenschwingung ist gleich der Frequenz des Trägers plus der Frequenz des Signals, die Frequenz der unteren Seitenschwingung ist gleich der Frequenz des Trägers minus der Frequenz des Signals.

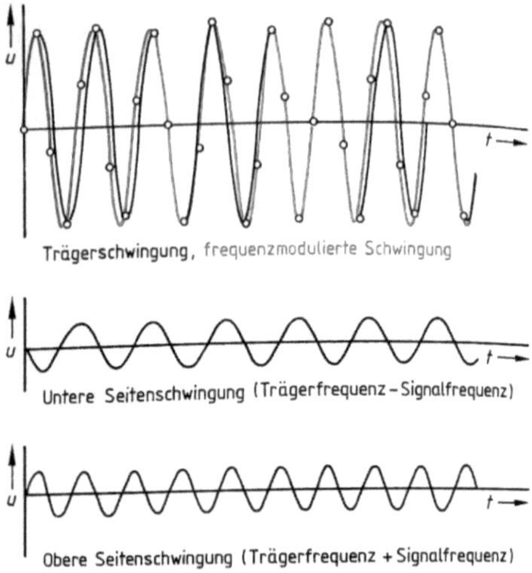

Bild 1: Zerlegung der frequenzmodulierten Schwingung

Die Anzahl der Seitenschwingungen ist um so größer, je größer der Modulationsindex ist **(Bild 2)**. Der Frequenzabstand der Seitenschwingungen ist jeweils gleich der Niederfrequenz. Die Amplituden der Seitenschwingungen können größer sein als die Amplitude der Trägerschwingung. Die Seitenschwingungen können positive oder negative Vorzeichen haben.

Die Bandbreite nimmt mit dem Frequenzhub und der Signalfrequenz zu. Sie ist immer größer als der Frequenzhub (Bild 2).

Zur Übertragung von frequenzmodulierten Schwingungen benötigt man eine große Bandbreite.

b Bandbreite
Δf Frequenzhub
f_i Signalfrequenz

$$b \approx 2 \cdot (\Delta f + f_i)$$

Besteht ein Signal, z. B. ein Klang, aus einer Summe von mehreren Sinusschwingungen, so gelten die Gesetze der Frequenzmodulation für jede Schwingung.

Neben der Frequenzmodulation erfolgt auch eine Amplitudenmodulation der Trägerschwingung. Eine Amplitudenbegrenzung macht diese jedoch unwirksam.

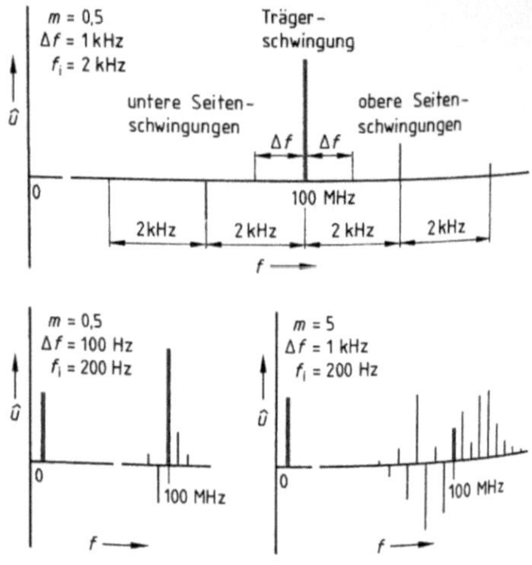

Bild 2: Frequenzspektren von frequenzmodulierten Schwingungen

Beispiel:
Ein Träger wird mit einem Sinussignal mit der Frequenz 2 kHz frequenzmoduliert. Der Frequenzhub beträgt 10 kHz. Wie groß sind a) der Modulationsindex, b) die erforderliche Bandbreite?

Lösung:

a) $m = \frac{\Delta f}{f_i} = \frac{10\text{ kHz}}{2\text{ kHz}} = \mathbf{5}$

b) $b \approx 2\,(\Delta f + f_i) = 2\,(10\text{ kHz} + 2\text{ kHz}) = \mathbf{24\text{ kHz}}$

5.4.4 Demodulation amplitudenmodulierter Schwingungen

Bei der Demodulation gewinnt man das Signal aus der modulierten Schwingung zurück. Die entsprechende Schaltung heißt *Demodulator*.

Demodulation bei Zweiseitenbandmodulation

Die Demodulation der amplitudenmodulierten Schwingung erfolgt bei der Zweiseitenbandmodulation an einem Bauteil mit nichtlinearer Kennlinie, z. B. einer Diode. Dabei wird die modulierte Trägerschwingung gleichgerichtet **(Bild 1)**. Der Gleichspannungsanteil und der Hochfrequenzanteil der gleichgerichteten Trägerschwingung werden anschließend herausgefiltert, so daß die Hüllkurve der Hochfrequenzschwingung übrigbleibt. Man nennt diese Demodulation *Hüllkurvengleichrichtung*.

Im Rundfunkempfänger wird die gleichgerichtete Trägerschwingung einem RC-Glied zugeführt **(Bild 2)**. Der Kondensator C_L des Siebglieds wird durch die positive Halbwelle der Trägerschwingung über den Scheinwiderstand der Ausgangswicklung des ZF-Übertragers und den Durchlaßwiderstand der Diode aufgeladen. Während der negativen Halbwelle der Trägerschwingung entlädt sich der Kondensator über den Widerstand R_L. Die Zeitkonstanten müssen dabei so bemessen sein, daß die Aufladung des Kondensators rasch erfolgt, und die Entladung so langsam erfolgt, daß die Hüllkurve möglichst genau nachgebildet wird **(Bild 3)**.

Bei Werten von $R_L = 5{,}6\ \text{k}\Omega$ bis $10\ \text{k}\Omega$ und $C_L =$ $= 4{,}7$ nF bis 10 nF beträgt die Grenzfrequenz 15 kHz bis 60 kHz. Noch verbliebene ZF-Reste werden durch einen zusätzlichen Tiefpaß entfernt. Nachteilig ist die Schwellwertspannung der Diode bei kleinen HF-Spannungen, weil dann durch unvollständige Gleichrichtung Verzerrungen auftreten. Deshalb wird in manchen Schaltungen die Diode in Durchlaßrichtung vorgespannt **(Bild 4)**.

Aus dem Gleichspannungsanteil der demodulierten Spannung wird nach weiterer Glättung die Regelspannung zur Verstärkungsregelung gewonnen.

Bei der Gleichrichtung wird dem vor dem Gleichrichter liegenden Schwingkreis HF-Leistung entzogen und in Gleichstromleistung umgewandelt. Der Schwingkreis wird dadurch bedämpft. Man koppelt deshalb die Diode über eine Spule an einen einfachen Ausgangskreis an (Bild 4).

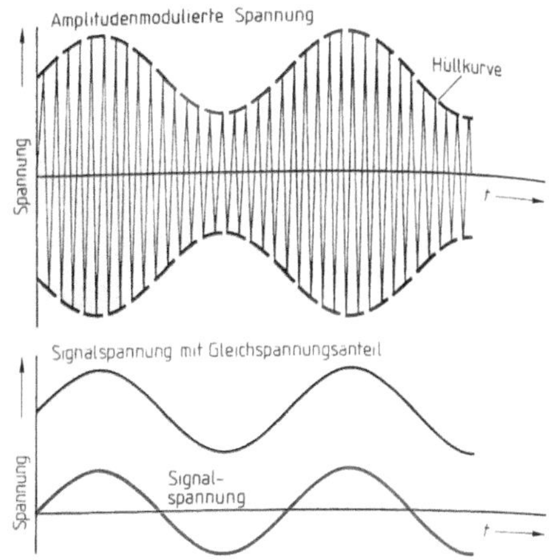

Bild 1: Gleichrichtung der amplitudenmodulierten Trägerschwingung

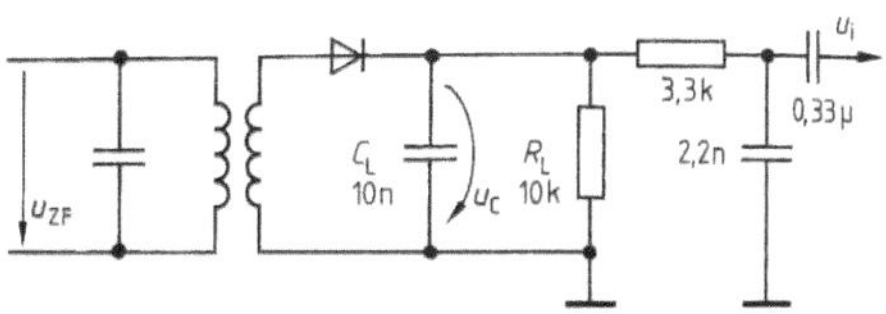

Bild 2: Schaltung zur Hüllkurvengleichrichtung

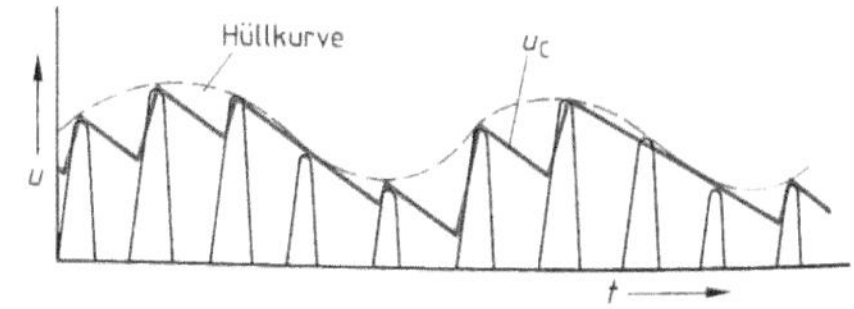

Bild 3: Hüllkurvengleichrichtung, Linienbild

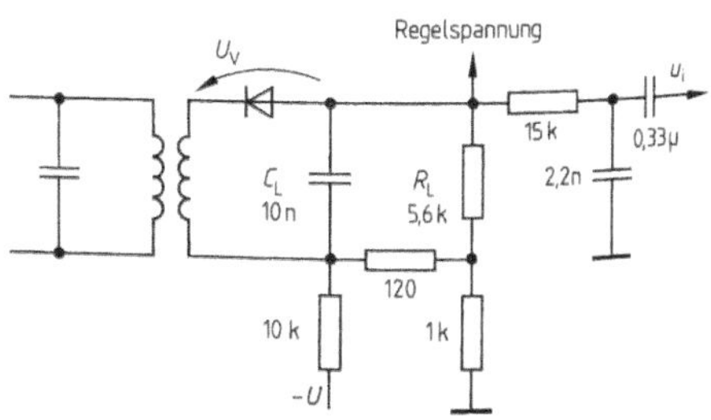

Bild 4: Schaltung zur Hüllkurvengleichrichtung mit vorgespannter Diode